星星的願望　七夕節

檀傳寶◎主編　李敏◎編著

中華教育

七夕的夜晚，星空裏的牛郎和織女喜相逢。一段鵲橋真的能讓相距「十萬八千里」的兩顆星相會嗎？快一起鑽到葡萄架下聽聽牛郎織女的悄悄話吧！

目 錄

情話一
鵲橋上的傳說

今天是農曆七月初七，天剛剛亮，媽媽就把我從被窩裏喊起來：「你快聽聽，為甚麼今天沒有鳥兒叫了，我們家樹上的喜鵲也不見了呢？」

早飯後，我托着下巴，豎起耳朵好奇地聽媽媽給我講關於「牛郎和織女」的故事……

牛郎和織女的故事

很久很久以前，有個孤兒跟着哥哥和嫂子過日子。哥哥嫂子待他很不好，給他吃剩飯，穿破衣裳，每天天沒亮，就趕他上山放牛。他沒有名字，大家都叫他牛郎。

牛郎對那頭老牛照顧得很周到。每天放牛時，他總是挑最好的草地，讓牠吃肥嫩的青草。後來，牛郎漸漸長大了，哥嫂與他分家，只給了他這頭老牛。一天晚上，他走進牛棚，忽然聽到一聲：「牛郎！」是誰叫他呢？回頭一看，原來是老牛在說話。老牛說：「明天黃昏的時候，你翻過右邊那座山，在山那邊你會遇到一位美麗的姑娘。你可別錯過了這個機會呀！」

第二天黃昏，牛郎翻過右邊那座山，來到湖邊的樹林裏。忽然，遠處傳來輕盈的歡笑聲。牛郎循着笑聲望去，只見湖邊有幾位姑娘正在嬉戲。過了一會，其中的一位離開夥伴，向樹林這邊走來。這姑娘是誰呢？原來她是天上王母娘娘的外孫女，織得一手好彩錦，名字叫織女。每天早晨和傍晚王母娘娘拿她織的彩錦裝飾天空，那就是燦爛的雲霞。

牛郎和織女就這樣在樹林裏相識了。

劇情演播室

　　牛郎織女見面場景由「樹林遇見」開始「變變變」，接下來劇情還會順利地往下發展嗎？你有興趣對劇情進行改編嗎？

1. 浪漫心機：牛郎躲在湖邊，見七個仙女在水裏嬉戲，牛郎偷走了其中圖紋最美、手工最精緻的一件衣服，想把衣服的主人留下。湖中有仙女覺察到了動靜，仙女紛紛上岸穿上衣服飛走了，唯獨剩下織女。

2. 日久生情：牛郎每日都堅守湖邊等候織女。第一天，織女害羞地瞟了湖邊的牛郎一眼；第二天夜裏，織女獨自來到池邊，換了個姿勢看牛郎；第三天夜裏，織女望着牛郎微笑了；第四天夜裏，織女向牛郎點點頭；第五天……

3. 直爽表白：牛郎聽了老牛的暗示後，在仙女們下凡那天，準備好鮮花，向織女表白。

人仙天河之戰

這是一場牽涉天、地、人及萬物的戰爭。

交談中，牛郎知道了織女的身份，織女也知道了牛郎的遭遇。織女見牛郎心地好，又能吃苦，便決心留下來做牛郎的妻子。織女與牛郎一起來到牛棚。老牛在一旁見了，眉開眼笑的，彷彿在說：「牛郎，牛郎，好心有好報啊！」

牛郎織女過上了「你耕田來，我織布」的日子。織女美麗賢惠、心靈手巧，她織出的綢緞色彩絢麗、格外耀眼，周圍的姑娘們都來跟她學習紡紗織錦。兩個人辛勤勞動，日子過得很美滿。轉眼間三個年頭過去了，他們有了一兒一女。

一天，牛郎去餵牛，那頭年邁的老牛又講話了，眼眶裏滿是淚花。牠說：「我不能幫你們下地幹活了，我們就要分開了。我死了以後，你把我的皮剝下來留着，碰到緊急的事，你就披上我的皮⋯⋯」老牛話沒說完就死了。牛郎按照老牛的囑咐，忍着悲痛剝下了老牛的皮藏起來。夫妻倆痛哭一場，把老牛的屍骨埋在附近的山坡上。

然而，仙女們溜到人間的事到底還是讓王母娘娘知道了，尤其是得知織女下嫁人間，王母娘娘更是氣得暴跳如雷，要把織女捉回天庭，嚴厲懲罰。王母娘娘趁牛郎到地裏幹活，便帶領天兵天將，闖進牛郎家裏捉織女。兩個孩子跑過來，死死地抓住織女的衣裳。王母娘娘把他們狠狠一推，拉着織女，飛向天宮。織女一邊掙扎，一邊望着兩個孩子大聲喊：「快去找爸爸！」

牛郎得知織女被王母娘娘捉走，心急如焚。可是怎麼上天搭救呢？

忽然，他想起老牛臨死前說的話，便趕緊找出牛皮，披在身上。他將一兒一女放在兩個竹筐裏，挑起來就往外跑。一出屋門，他就飛了起來。他越飛越快，眼看就要追上織女了。王母娘娘拔下頭上的玉簪一劃，霎時間，牛郎的面前出現了一條天河。天河很寬，波濤洶湧，牛郎飛不過去了。

從此，牛郎在天河的這邊，織女在天河的那邊，兩人只能隔河相望。日子久了，他們就成了天河兩邊的牛郎星和織女星，夜空中守在銀河兩旁，努力閃耀光芒，感受彼此的存在。王母娘娘拗不過他們之間的真摯情感，命喜鵲去告訴他們，准許他們每年農曆七月七日相會一次。從此以後，每年農曆七月初七的夜晚，就會有一羣羣喜鵲飛來，在天河上搭起一座「鵲橋」，讓牛郎織女在橋上會面。這就是「鵲橋相會」。

（改選自葉聖陶《牛郎織女》）

人間的喜鵲少了許多，是因為我們都到天河那裏搭橋了啊！

天仙配

　　像牛郎和織女這樣凡人和仙女相戀的故事，還有來自唐代傳奇小説《槐蔭記》中的一段：

　　玉皇大帝的七女兒，深感天庭的寂寞冷清，鼓動六位姐姐一起去鵲橋遊玩，撥開雲霧偷看人間。七仙女看到長江兩岸農夫耕田、樵夫砍柴、漁夫撒網、男婚女嫁的景象，對人間非常羨慕和嚮往。當她意外看到安徽境內天柱山下的董永寒窗苦讀、發憤圖強，又聽到大姐講述到董永的父親病重、無錢醫治時，美麗善良又叛逆的七仙女對董永感到非

❀ **唐詩一首** ❀

秋夕

[唐] 杜牧

銀燭秋光冷畫屏，輕羅小扇撲流螢。
天階夜色涼如水，臥看牽牛織女星。

常敬重和憐憫，就偷偷下凡到人間，成為他的妻子幫助董永。

　　玉皇大帝發現後大怒，將七仙女囚禁起來。直到某日他去七仙女住的雲清宮看望女兒時，才得知七仙女已經產下一子。孩子一生下來就會笑，沒到滿月就會說話，第一句話居然是叫他外公！玉皇大帝終於改變了看法，親自下凡考察董永，對董永的仁義、孝道深感滿意。最後，玉皇大帝終於同意七仙女與董永在人間相伴永遠，恩愛一生⋯⋯

❀ 夫妻雙雙把家還 ❀

樹上的鳥兒成雙對，綠水青山帶笑顏。
從今再不受那奴役苦，夫妻雙雙把家還。
你耕田來我織布，我挑水來你澆園。
寒窯雖破能避風雨，夫妻恩愛苦也甜。
你我好比鴛鴦鳥，比翼雙飛在人間。

——選自黃梅戲《天仙配》

開往「人間仙境」的列車

七夕浪漫故事在民間影響深遠。2006 年，七夕節被列入我國首批國家級非物質文化遺產名錄中。一時間，全國有十多個地方都爭說自己是牛郎織女文化的發源地，紛紛宣稱自己是牛郎織女的故鄉，各地搶注申報「中國牛郎織女愛情傳說的發源地」——究竟應該花落誰家呢？

看看誰的理由最充分。

選手 1：河南省南陽市

證詞：牛郎織女傳說源於楚地。星辰崇拜在古代的南陽盛行，有牛郎織女星座的漢畫像石。在古代南陽有關於農桑發達的記載，史料中關於牛郎家鄉的記述有「南陽城西二十里桑林之說」。

選手 2：陝西省西安市（舊稱「長安」）

證詞：在長安，每年正月十七和七月初七，都要舉行隆重的愛情祈福儀式，十里八鄉的人們紛紛趕來獻祭，人數過萬。扭秧歌、耍社火、唱大戲……熱鬧非凡！當然，人們來到這裏是為了重溫牛郎織女的傳說……

選手 3：山西省和順縣

證詞：在和順當地鄉間，一直傳承着許多與牛郎織女故事相關的古老地名與景物名稱，諸如牛郎洞、金牛洞、喜鵲山、南天門、天河池等與故事主人公相對應的地名。

選手 4：河北省邢台市

證詞：位於邢台市西部的天河山生態旅遊區有天河梁、牛郎莊、織女峯、鵲橋等大量有關牛郎織女的傳說和人文遺跡。

選手 5：山東省沂源縣

證詞：擁有目前國內唯一一處實地實景與傳說相對應——建於唐代的織女洞和牛郎廟景觀。牛郎廟旁邊還有個牛郎官莊村！

選手 6：湖北省襄陽市

證詞：據史料記載，最早的人神戀愛，是發生在襄陽萬山的「鄭交甫會漢水女神」故事。這一故事與牛郎織女傳說描述的人神戀愛血脈相連，牛郎織女傳說中的織女穿的羽衣、老牛皮以及把牛皮藏入井裏這三個故事要素，都可以在襄陽找到實證。

1. 2006 年 2 月，山西省和順縣被中國民間文藝家協會授予「中國牛郎織女文化之鄉」稱號；2008 年 6 月 7 日，山西省和順縣牛郎織女傳說名列第二批國家級非物質文化遺產保護名錄。

2. 2006 年 7 月，河北省把傳統的七夕節定名為「河北七夕情侶節」。

3. 2006 年 12 月，河南省南陽市牛郎織女傳說發源地，拿到了河南省第一批非物質文化遺產證書。

4. 2008 年 6 月，國家公佈第二批非物質文化遺產名錄時，牛郎織女傳說的起源地落定在山東省沂源縣。

....

我們不過是個傳說，人們為何那麼「認真」？

發源地

山西和順

山東沂源

河南南陽

「七夕故地重遊」火車路線設計圖

　　請你設計一條七夕火車的專線，讓遊客可以遊歷牛郎織女的故鄉，讓牛郎織女的美好傳説為人們的生活增添光彩！

情話二

夜空中的「大明星」

因為一個古老的傳說，兩顆相距「十萬八千里」的星星，從此染上了人間煙火，一起「過日子」，成為穿越時空的愛情象徵。

星語星願

《夜空裏的「大明星」》現在很受歡迎。太高興了，我們抽到幸運粉絲獎，有機會一起去採訪電視劇中的大明星啦。

這個大明星來頭不小。鄭和下西洋時，就曾以織女星為航海的導航標誌之一。我們先準備兩位大明星的基本資料吧。

a. 訪談資料：
牛郎星 & 織女星

性別：男

小名：牛郎星

大名：天鷹座——河鼓二

興趣：放牛，耕田

住址：銀河東

體型：太陽直徑的 1.6 倍

財產：一頭耕牛、一間茅屋

體溫：8000 攝氏度

補充：_____

孩子：河鼓一、
　　　河鼓三

相距：16 光年

交集：每年七夕
　　　銀河相見

性別：女

小名：織女星

大名：天琴座（織女一、織女二、織女三）

興趣：織布

住址：銀河西

體型：太陽直徑的 3 倍

財產：織布梭子

體溫：11000 攝氏度

補充：_____

b. 焦點訪談場地佈置

訪談位置：

參照右邊的星際導航圖，在下圖為主持人、觀眾、粉絲
團以及兩位「明星」牛郎星、織女星，安排訪談的座位。

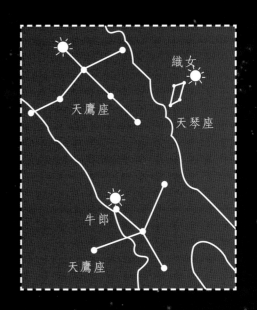

A. 主持人　　　　　B. 牛郎　　　　　C. 織女

D. 觀眾　　　E. 粉絲團

焦點訪談：「大明星」到人間

　　還記得小時候遙看天空，可以看見一顆很亮的白色星星——織女星，它在銀河的西北；從織女星朝東南方向跨過銀河，可以看見三顆星星，均勻地排在一條線上，中間的一顆也很亮，它就是牛郎星，又叫牽牛星。

　　今天，我們在七夕的傍晚，在牛郎織女難得相見的日子裏，有幸在天河舞台上，請到了我們熟悉的兩位「大明星」——牛郎星、織女星。有請兩位出場！

　　天上的星星是怎麼來到人間的，請聽古詩如何記載——

自然星辰

　　牛郎、織女最早見於周代《詩經·小雅·大東》：

> 維天有漢，監亦有光。
> 跂彼織女，終日七襄。
> 雖則七襄，不成報章。
> 睆彼牽牛，不以服箱。

　　《大東》篇白話文：銀河兩岸的織女星、牛郎星，儘管有其名，但星星並不會織布，不能拉車；當今的統治者也是如此，雖身居高位，卻不做實事，不過徒有其名而已。這裏，織女、牛郎二星僅是作為自然星辰的形象出現，以此引出西周時代的東方諸侯國對周王室的諷刺，並沒有任何牛郎織女的故事情節。

星宿仙侶雕像

　　到了西漢時期，班固在《西都賦》中說：「臨乎昆明之池，左牽牛而右織女，似雲漢之無涯。」

　　這裏與牛郎、織女相對應的依然是天上的兩顆星宿神仙。

　　李善注引《漢宮闕疏》說：「昆明池有二石人，牽牛織女像。」

　　這裏明確了在昆明湖畔（現位於西安）的左右兩側分別塑有牽牛、織女的雕像。這時候他們已從天上降臨到人間，遠遠地相望於湖的兩邊。

愛情滋長

漢代的《古詩十九首》有云：

迢迢牽牛星，皎皎河漢女。纖纖擢素手，劄劄弄機杼。終日不成章，泣涕零如雨。河漢清且淺，相去復幾許。盈盈一水間，脈脈不得語。

這時候，牛郎、織女兩位彼此之間雖只隔了一道銀河，卻只能脈脈遙望，而無法相見。這裏的牽牛、織女二星已具人物形象尤其是織女——弄機織布，思念流淚；並且開始被編織為一幕恩愛夫妻受着隔絕之苦的故事。

最早把農曆七月初七作為節日是漢代的時候。《四民月令》中有明確的記載，並且出現了乞巧、曬書、曬衣、求子等一系列紀念活動。

人間永恆

到了梁朝人任昉的《述異記》：

天河之東有織女，天帝之女也，年年機杼勞役，織成雲錦天衣，容貌不暇整。天帝哀其獨處，許嫁河西牽牛郎，嫁後遂廢織衽，天帝怒，責令歸河東，許一年一度相會。

這裏的牛郎、織女基本現出了人形，後來，還出現了說唱、戲曲等表現形式，把天上的牛郎變成了人間的凡人，講述男耕女織、生兒育女、悲歡離合的動

情故事，牛郎織女的形象從此深入人心，在人們心裏演變為愛情永恆和婚姻美滿的楷模。

這麼說來，牛郎織女的故事是由上古時期人們對牛郎織女星的崇拜，再到神話傳說演變而成的。

男拜魁星求功名

古代的人也「追星」，但他們對星星的崇拜可遠不止牽牛星和織女星。他們認為，東西南北各有七顆代表方位的星星，合稱二十八星宿，其中以「小熊座」北斗七星最亮，可供人在晚上辨別方向。而北斗七星的第一顆星就是魁星，又稱魁首。所以，讀書人也會把七夕節叫作「魁星節」，還有人稱作「曬書節」。

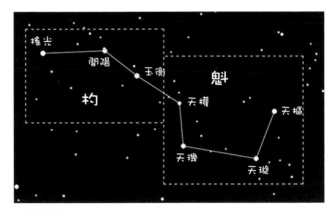

▲北斗七星

魁星的奇文奇貌

古代有一個秀才，名叫魁星。他聰慧過人，才高八斗，過目成誦，出口成章，可就是長相奇醜，滿臉麻子，一隻腳還瘸了，所以每次到面試的時候總會遭受考官的冷眼。但他的文章實在寫得太好了，終於一步步通過了鄉試、會試。

到了殿試時，皇帝親自面試他的文才，一看他的容貌和走路姿勢，心裏很不高興。皇帝問道：「你的臉是怎麼了？」他回答：「回聖上，這是『麻面映天象，捧摘星斗』。」皇帝覺得這人挺有趣，又問：「你的腿為甚麼這樣呢？」他又回答：「回聖上，這是『一腳跳龍門，獨佔鰲頭』。」皇帝很欣賞他的機敏，又問：「那朕問你一個問題，你要如實回答。你說，如今天下誰的文章寫得最好？」他想了想說：

▲傳說魁星手中有一支神筆，他的「朱筆」批你是甚麼你就是甚麼，所以有這樣一句話，「任你文章高八斗，就怕朱筆不點頭」。

「天下文章屬吾縣，吾縣文章屬吾鄉，吾鄉文章屬舍弟，舍弟請我改文章。」皇帝大喜，閱讀完他的文章後，更是拍案叫絕：「不愧天下第一！」於是欽點他為狀元。

正是這個醜文人，不僅以他的才學、智慧和勤奮高中狀元，而且後來還升天成仙做了魁星——北斗七星的第一顆，主管功名祿位。

狀元郎亮相：手拿「魁斗」，腳踩鰲頭

在科舉考試中，考生取得好名次稱作「魁」，「魁」與「奎」同音，有「第一」的意思，進士第一名稱狀元，也叫作「魁甲」。

大家可以將「魁」字拆開來看看，左半邊是「鬼」，對應魁星的面目醜陋；右半邊是「斗」，對應魁星的才高八斗，也應着北斗星座。魁星中狀元以後，皇宮正殿台階正中的石板上即雕有龍和鰲魚圖案，一隻魁斗放在旁邊。殿試完畢發榜時，考生都聚到皇宮門前，進士們站在台階下迎榜，狀元則一手拿着魁斗，一腳站在鰲頭上亮相，表示「一舉奪魁」或「獨佔鰲頭」。

尋找影子

下列哪幅圖是左圖魁星真正的影子？

◀魁星
① ② ③ ④

為求功名拜魁星

農曆七月初七，也是「魁星的生日」。讀書人崇拜魁星，在他們心裏魁星的地位僅次於孔子，所以在「七夕」之時有「拜魁星」的習俗。

「拜魁星」儀式要在月光下舉行，在家中天井旁擺上「拜魁星」的香案。

糊上一個紙人（魁星）：高二尺許，寬五六寸，藍面環眼，身着錦袍皂靴，左手斜挎飄胸紅髯，右手執朱筆，置案上。

祭品很豐盛，主要有羊頭（公羊，留鬚帶角），將其煮熟，兩角束紅紙，置於盤中，擺「魁星」像前。燭月交輝中，等到放炮焚香禮拜以後，在香案前圍桌會餐。

科舉考試

科舉考試是中國封建王朝通過考試選拔官吏的一種制度。科舉考試一般要經過三個等級的選拔：鄉試、會試、殿試。從隋朝開始實行科舉制，直到清光緒三十一年（1905）廢除，歷經近1300年。殿試的第一、二、三名，被封為「狀元」「榜眼」「探花」，合稱「三鼎甲」。

七夕節又是曬書節

農曆七月七日曬衣、曬書的民俗，在晉朝時就已形成。七月正是暑熱時節，陽光充足，是曬衣、曬書的好時候。所以，這天家家都曬衣服，以祛除潮氣。關於曬書、曬衣活動，還有幾段古代文人有趣的故事呢。

（一）曬書

傳說當年唐僧歷經千難萬險從西天取回的佛經，在回國的途中不幸墜入大海，全部被海水浸濕。上蒼為他們師徒不辭勞苦的精神所感動，就特意賜給他們一個大晴天，讓他們把經卷曬乾。這一天是六月初六，因這好天氣是上天所賜，故得名「天賜節」。後來，曬書的習俗演變成七夕節的節俗。

（二）曬衣

《楊園苑疏》一文中，宋卜子記載道：漢武帝時已有了專門的曬衣閣（陽台），「常至七月七日，宮女登樓曝衣」。後來，這便成為一些富人炫富的機會，到了七月七日這天他們把所有值錢的衣物都拿出來曬，以表現自家的富有。而被稱為「竹林七賢」之一的晉代文人阮咸，對這一做法非常反感。他在這天，用長竹竿挑着一塊又髒又舊的破布片來晾曬，別人問他原因，他回答說：「未能免俗，聊復爾耳。」

（三）曬肚皮

劉義慶的《世說新語》卷二十五說，有個叫郝隆的人，別人都在曬書，他卻露着肚皮仰臥在日光下。眾人圍之，不解地問：「你在做甚麼？」他說：「我在曬書！」眾人笑而散去。後人解讀郝隆的做法，有人說他是在誇耀自己的滿腹才華，有人說他是借此舉嘲諷曬書的習俗。

女拜織女乞巧手

織女是最善女紅、刺繡的女子。她織出的彩霞雲錦，在每個傍晚來臨時，浮現在天邊。

古代的女子都渴望有一雙像織女一樣的巧手。於是七夕這天晚上，女孩們會穿上漂亮的新衣服，精心梳妝打扮，等到夜色漸濃，一彎新月升上柳樹梢頭的時候，女孩們便在庭院裏擺好香案，陳列瓜果點心，仰望夜空，跪拜織女，祈求織女能傳授織繡雲錦的女紅技藝，虔誠而又浪漫。

乞手巧，乞貌巧；
乞心通，乞顏容；
乞智慧，乞姻緣。

最巧的板子：晚清時期，文人童葉庚發明了益智圖。益智圖可以拼成幾千個文字，老少皆宜。

節日裏的「乞巧板」

織女每年七夕與牛郎相見，甜蜜之餘說不定會向人間透漏一些手巧的祕密呢！

穿針取巧

針分雙孔、五孔、七孔、九孔多種，在月光下用彩色的線穿針，看誰穿得快又準，能夠一次順利地穿過針孔，就是乞得了巧。

投針卜巧

夜裏，盛一碗水置在拜台上，第二天早晨，女子要把針丟放在水面上。針如果沉下去，「算你手笨」；針若能浮在水面上，「你真行，手巧」。

蕙心吃巧

手巧的女子蕙質蘭心，自己做巧果吃。果上的圖案可以是幸福的笑臉，也可以是小星星或七巧板圖形。這些圖形都與七夕故事和風俗有關哦！

喜蛛應巧

頭天晚上在小盒內放進一隻蜘蛛，七夕早晨查看蜘蛛吐絲織網情況。如果蜘蛛吐的絲多、網織得圓又好，說明「你得巧了」。

最早的針：早在數萬年前的山頂洞人遺址中，就有骨針遺物的發現，山頂洞人不僅佩戴骨、貝、石製的首飾和身飾，其骨針製作也巧奪天工，無比精巧。

最巧的針線品：中國絲綢，聞名古今，享譽世界。

情話三 七夕與情人節

玫瑰花裏的占卜

　　悄無聲息中，我們把七夕節過成了情人節。

　　而每年 2 月 14 日，是西方傳統的聖瓦倫丁節（Saint Valentine's Day），又稱「情人節」。公元 3 世紀時，古羅馬有一位暴君叫克勞狄烏斯（Claudius）。離暴君的宮殿不遠，有一座非常漂亮的神廟。修士瓦倫丁（Valentine）就住在這裏。羅馬人非常崇敬他，男女老幼無論貧富貴賤，總喜歡羣集在他的周圍，坐在祭壇的熊熊聖火前，聆聽瓦倫丁的祈禱。

　　此時古羅馬的戰事緊張，暴君克勞狄烏斯徵召了大批民眾前往戰場，人們怨聲連連。男人們不願意離開家庭，小伙子們不忍與情人分開。克勞狄烏斯暴跳如雷，他傳令人們不許舉行婚禮，甚至連所有已訂了婚的也要馬上解除婚約。許多年輕人就這樣告別了愛人，滿腹怨恨地走向戰場。年輕的姑娘們也由於失去愛侶，抑鬱悲傷。瓦倫丁對暴君的惡行感到非常反感。當一對情侶來到神廟請求他的幫助時，瓦倫丁在神聖的祭壇前為他們悄悄地舉行了婚禮。人們一傳十，十傳百，很多人來到這裏，在瓦倫丁的幫助下結成伴侶。消息最後傳進了宮殿，傳到了暴君的耳朵裏。克勞狄烏斯又一次暴跳如雷，他命令士兵衝進神廟，將瓦倫丁從一對正在舉行婚禮的新人身旁拖走，投入地牢。人們苦苦哀求暴君赦免瓦倫丁，但都徒勞而歸。瓦倫丁最終在地牢裏受盡折磨而死。悲傷的朋友們將他安葬於聖普拉（St. Praxedes）教堂。

　　那一天是 2 月 14 日，那一年是公元 270 年。從那以後，這一天成了影響西方乃至世界的「情人節」。

西方情人節的玫瑰花，也逐漸成為中國七夕節的新元素。玫瑰花香，讓七夕的星空更加深邃，讓牛郎、織女的故事更加真實感人。傳說玫瑰花寓意情侶之間的命運，請你連線看看吧！

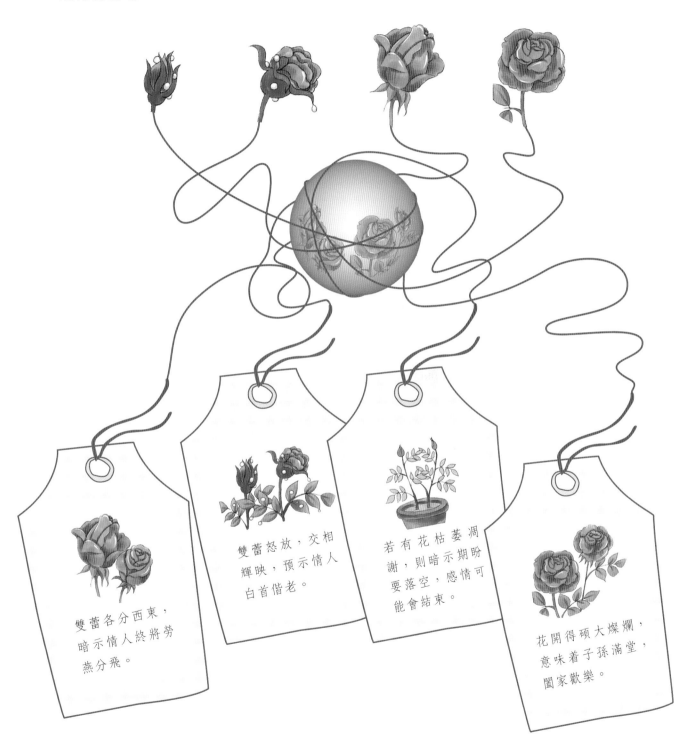

雙蕾各分西東，暗示情人終將勞燕分飛。

雙蕾怒放，交相輝映，預示情人白首偕老。

若有花枯萎凋謝，則暗示期盼要落空，感情可能會結束。

花開得碩大燦爛，意味着子孫滿堂，闔家歡樂。

竹林裏的願望

日本人也過「七夕節」。不過他們的「七夕節」不是戀人之間的節日，而是一場全民參與的慶典活動。他們將來自中國的神話傳說與自己的本土文化融合起來，非常重視。

在日本七夕節會擺放類似「聖誕樹」的裝飾，只不過不是杉樹，而是竹枝。樹上掛的不是琳瑯滿目的禮物，而是五彩繽紛的願望。

這一天，帶給日本孩子好運的，不是聖誕老人，而是來自中國的神仙——織女。當然人們的祈願不僅是向織女乞求巧手織布，還可以祈求各種好運氣。

有這樣一個傳說。如果你正在學習寫字，在七月初七清晨，用晨露來研墨，把自己的心願寫到紙條上，折起來掛到竹竿上，插到院牆上來供奉織女星。這樣，你寫的字就會越來越好看，據說很靈驗的。

日本七夕節源於中國，經過多年的演變，如今已經成為日本夏季的傳統節日之一。據說七夕是奈良時代從中國傳入日本的。

古代日本也和中國一樣，在農曆七月七日過七夕節。1873 年，日本修改曆法，很多地方的七夕節活動挪至公曆的 7 月 7 日或者 8 月 7 日舉行。

▼ 像「聖誕樹」一樣的許願樹

七夕節期間，日本各地都會舉行各種慶典，其中作為重頭戲的祭神儀式大都在 7 月 7 日凌晨 1 時左右進行。因為此時主要星辰都已升到了天頂，這是人們同時將牛郎星和織女星以及浩瀚的銀河納入眼底的最佳時刻。

圖中的小朋友在竹子的頂端懸掛願望卡。據說願望卡掛得越高，就越可能實現。這大概是因為越高，便離神仙越近的緣故吧！

我不只是情人節

如今，「七夕節」已不僅僅是以傳統節日的形式被關注着，而是融入了許多新鮮的現代元素。

近期，在某網絡論壇上，「青蛙王子」開出一個「七夕」主題辯論大賽的帖子，讓七夕節與情人節做比拼。

辯論設置了黑白雙方，黑方：「七夕節是情人節」；白方：「七夕節不是情人節」。

◆黑方觀點一：我覺得無所謂，與時俱進嘛，牛郎織女也是愛情的象徵，人們又喜歡情人節的這種氛圍，就不要這麼認真。

◆黑方觀點二：從「七月七日——相見，相見故心終不移」到「兩情若是久長時，又豈在朝朝暮暮」，是古人對於愛情的浪漫解讀。這正體現了現代人對「天下有情人終成眷屬」的期待。既然「情人」的意義更加寬泛了，七夕節自然也可以看作我們國家的情人節。

◆黑方觀點三：在七夕節的夜晚，過去的人們會抬頭觀看牛郎織女鵲橋相會，或在葡萄架下偷聽牛郎織女的對話。而且在古代，針線活技術的高低對於女性能否嫁得好具有至關重要的作用。

黑方向白方提問：

白方向黑方提問：

◇白方觀點一：我覺得原本七夕就不是情人節，因為商業利益而改變傳統文化，那老祖宗留下的東西都要慢慢變味了！

◇白方觀點二：七夕節表達的是已婚男女之間恪守雙方對愛的承諾，不是表達婚前情人或戀人的情感，這是在不同人生階段的兩種感情。因此，「中國情人節」的說法並不妥當。正所謂「名不正則言不順，言不順則事不成」嘛。

◇白方觀點三：日本的七夕節就保留了自己民族的特色，沒有過成西方的情人節！把七夕節說成情人節，也減少了七夕的內涵。其實，我們的七夕節可以挖掘許多能夠延續的寶貴資源，一定能過出自己的特色。

為七夕代言

爭做代言人

古往今來，中國許多地方都興盛着一些非常有特色的七夕風俗活動。一起來看看，各個地區是怎樣為七夕「代言」的。

北京、廣東：五生盆，拜神菜

七夕的前幾天，人們把穀種和綠豆種在一個瓦盆裏，澆水讓其生長出芽來，用來拜神，這叫作「五生盆」，滿足的是乞巧的心願。

還有拜神菜活動。人們推選一位最漂亮、針線活做得最巧，並且沒有出嫁的女孩作為主持人，由她把大家帶來的豆芽分給每個人。這些豆芽被稱作「巧芽」。人們相信「巧芽」經過培育後能長出更多的豆芽，吃了用巧芽做成的菜之後，女子會變得漂亮靈巧。

湖南、浙江、山東：
接露水，吃巧巧飯

有些地方七夕還流行用臉盆接露水的習俗。據說

七夕的露水是牛郎、織女相會時的眼淚，如果抹在眼上和手上，可使這個人眼明手快。

有的地區還有吃「巧巧飯」的乞巧風俗。請七個要好的姑娘一起包餃子，把一枚銅錢、一根針和一顆紅棗分別包到三隻水餃裏。據說吃到錢的有財，吃到針的手巧，吃到棗的早生貴子。

四川、貴州：染指甲

甚麼？美甲在古代就開始流行了？

染指甲是流傳在中國西南一帶的七夕習俗。用花草的汁液染指甲是七夕節日娛樂的一種方式，專屬女人和孩子。

閩南、台灣：拜七娘媽

七夕節也是舉行「成人禮」的日子。在閩南、浙江沿海和台灣，七夕又被稱為「小人節」，年滿十五歲的孩子都要在這天舉行成人禮，織女又被尊稱為「七星娘娘」，傳說她和其他六位姐姐會保佑小孩順利長大，是兒童的守護神。

七夕節，借牛郎織女忠貞不渝的愛情給自己的人生以祝福：當「女兒節」過，向織女乞求智慧以讓自己也擁有一門好手藝；當「七星娘娘的生日」來過，通過拜牀神保佑兒童平安健康；當「魁星的生日」來過，通過祭拜魁星以祝福自己和家人學業有成⋯⋯

這些習俗都是代表着人們對美好事物的追求！

神祕的數字「七」

「七」是個神祕的數字，七月七日是個吉祥的日子。

從天空中掛的七色彩虹，到地上爬的七星瓢蟲，從足球場上的「7 號球星」，到幫人實現願望的「七顆龍珠」，從鄭和七次下西洋，到傳說中的七仙女，從星空閃耀的北斗七星，再到農曆七月初七的七夕節，無處不在的數字「七」閃耀着神祕又神聖的色彩。一起來尋找其中的奧祕吧！

藝術大師「7」

do、re、mi、fa、so、la、ti 七個音符組成了一個奇妙的音樂世界。在藝術世界裏，「7」表達自然的韻節，「7」是藝術的吉祥數。

數字「7」神祕一角

我們可以隨便找一張紙，將它連續對折，我們會驚奇地發現無論紙有多大，能夠對折的最大限度總為 7 次！更為神奇的是，7 個 1 組成的數字與自身相乘（1111111×1111111）得出的數字竟然是 1234567654321！這些還不算，我們看 1/7 = 0.142857142857142857142857……我們會注意到 142857 這個循環小數，這個據說是在金字塔中發現的世界上最神祕的數字了。

節日七七如意令

中國古人認為「七」是吉利數字，有圓滿的意思。在「七七」之夜，正是月亮接近銀河的時候，月亮的光輝也正好能照在銀河上，便於人們觀看星星。用天文望遠鏡觀看，會看到銀河裏密密麻麻的星羣，而半個月亮的餘暉灑向銀河便成了人們想像的「鵲橋」。

節日物語

　　禮物是傳達情誼的橋梁。每年牛郎織女見面那天，他們會送給彼此甚麼禮物呢？我們慶祝七夕又該送好朋友甚麼禮物呢？

　　玫瑰花？巧克力？這些是西方情人節送禮的禮包，那我們的七夕節錦囊呢？

 ### 手縫禮物送給心上人

　　一些刻有情侶名字、印有情侶頭像的個性產品會在七夕節熱銷。如將錦帶編成連環迴紋式中國結，用來祈求幸福美滿、吉祥如意，稱作「同心結」。

手製吉祥娃娃

　　古代的陶瓷市場中，「磨喝樂」（一種土泥偶人）非常暢銷，因為這是古代七夕求子的「吉祥娃娃」。今天，我們也可以手工製作各種材質的吉祥娃娃，表達更豐富的心意。

美味乞巧果

　　我國江南有不少出名的巧果，如溫州的巧食。巧食包含「七夕乞巧」的意思，用糯米磨粉，摻入紅糖、麵粉、米粉和豬肉製成長條甜餅，形狀像手指或舌頭。一指長的叫「單巧」，兩個小指長合在一起的叫「雙巧」。不論「單巧」或「雙巧」，放在油裏炸過，遍體粘上芝麻的餅條叫「麻巧」，還有的在上面印有狀元、魁星等人物花紋，以討個彩頭。

螢火蟲造浪漫

　　七夕時節，正是螢火蟲最多的時候，螢火蟲能夠帶給人濃厚的東方情調、浪漫氛圍……

詩情畫意

兩情若是久長時，又豈在朝朝暮暮。

詩詞歌賦一直是七夕節裏最温暖、最長情的「禮物」，最能表達愛的意象和感覺。

歷代文人墨客吟誦七夕的詩詞文賦，形成了獨特的七夕文化風景。最著名的作品有：李商隱的《七夕》、杜甫的《牽牛織女》、李賀的《七夕》、白居易的《七夕》《長恨歌》、秦觀的《鵲橋仙》等。

人們憧憬「七月七日長生殿，夜半無人私語時」的美好，感歎「金風玉露一相逢，便勝卻人間無數」的珍貴，也有「在天願作比翼鳥，在地願為連理枝」的美好願望，更有「天階夜色涼如水，臥看牽牛織女星」的「東方雅趣」……

七夕節給了我們一片美麗的星空，七夕節讓我們擁有一個美麗的傳說，七夕節讓我們與一切美好的東西相遇！

請你來當設計師

「中華七夕節」開幕式現場揭曉了票選結果，從近一萬張選票和千餘件設計方案中產生了：

中國七夕花	中國七夕吉祥娃娃

我的家在中國・節日之旅④

星星的
願望 | 七夕節

檀傳寶◎主編　李敏◎編著

責任編輯：余雲嬌
裝幀設計：龐雅美
排　版：時　潔
印　務：劉漢舉

出版 / 中華教育

香港北角英皇道 499 號北角工業大廈 1 樓 B

電話：（852）2137 2338

傳真：（852）2713 8202

電子郵件：info@chunghwabook.com.hk

網址：https://www.chunghwabook.com.hk/

發行 / 香港聯合書刊物流有限公司

香港新界荃灣德士古道 220-248 號

荃灣工業中心 16 樓

電話：（852）2150 2100

傳真：（852）2407 3062

電子郵件：info@suplogistics.com.hk

印刷 / 美雅印刷製本有限公司

香港觀塘榮業街 6 號

海濱工業大廈 4 樓 A 室

版次 / 2021 年 3 月第 1 版第 1 次印刷

©2021 中華教育

規格 / 16 開（265 mm × 210 mm）